当诗词遇见科学

陈征 著

19

北京时代华文书局

图书在版编目（CIP）数据

当诗词遇见科学：全20册 / 陈征著 . — 北京：北京时代华文书局，2019.1（2025.3重印）
ISBN 978-7-5699-2880-8

Ⅰ . ①当… Ⅱ. ①陈… Ⅲ. ①自然科学－少儿读物②古典诗歌－中国－少儿读物 Ⅳ . ①N49②I207.22-49

中国版本图书馆CIP数据核字(2018)第285816号

拼音书名 | DANG SHICI YUJIAN KEXUE：QUAN 20 CE

出 版 人 | 陈 涛
选题策划 | 许日春
责任编辑 | 许日春 沙嘉蕊
插 图 | 杨子艺 王 鸽 杜仁杰
装帧设计 | 九 野 孙丽莉
责任印制 | 訾 敬

出版发行 | 北京时代华文书局 http://www.bjsdsj.com.cn
北京市东城区安定门外大街138号皇城国际大厦A座8层
邮编：100011 电话：010-64263661 64261528
印 刷 | 天津裕同印刷有限公司
开 本 | 787 mm×1092 mm 1/24 印 张 | 1 字 数 | 12.5千字
版 次 | 2019年8月第1版 印 次 | 2025年3月第15次印刷
成品尺寸 | 172 mm×185 mm
定 价 | 198.00元（全20册）

自 序

一天，我坐在客厅的沙发上，望着墙上女儿一岁时的照片，再看看眼前已经快要超过免票高度的她，恍然发现，女儿已经六岁了。看起来她一直在身边长大，可努力搜索记忆，在女儿一生最无忧无虑的这几年里，能够捕捉到的陪她玩耍，给她读书讲故事的场景，却如此稀疏……

这些年奔忙于工作，陪孩子的时间真的太少了！

今年女儿就要上小学，放眼望去，小学、中学、大学……在永不回头的岁月中，她将渐渐拥有自己的学业、自己的朋友、自己的秘密、自己的忧喜，直到拥有自己的家庭、自己的人生。唯一渐渐少了的，是她还愿意让我陪她玩耍，给她读书、讲故事的时间……

不能等到孩子不愿听的时候才想起给她读书！这套书就源自这样的一个念头。

也许因为我是科学工作者，科学知识是女儿的最爱，她每多了解一个新的科学知识，我都能感受到她发自内心的喜悦。古诗词则是我的最爱，那种"思飘云物动，律中鬼神惊"的体验让一个学物理的理科男从另一个视角感受到世界的美好。当诗词遇见科学，当我读给孩子，这世界的"真""善"与"美"如此和谐地统一了。

书中的科学知识以一个个有趣的问题提出，目的并不在于告诉孩子答案，而是希望引导孩子留心那些与自然有关的细节，记得观察生活、观察自然；引导孩子保持对世界的好奇心，多问几个为什么。兴趣、观察和描述才是这么大孩子的科学教育应该做的。而同时，对古诗词的赏析，则希望孩子们不要从小在心里筑起"文"与"理"之间的高墙，敞开心扉去拥抱一个包括了科学、文化和艺术的完整的世界。

不得不承认，这套书选择小学语文必背的古诗词，多少还是有些功利心在其中。希望在陪伴孩子的同时，也能为孩子的学业助一把力。

最后，与天下的父母共勉：多陪陪孩子，趁着他们还没长大！

目 录

元 王冕

墨梅 mò méi

wǒ jiā xǐ yàn chí tóu shù
我家洗砚池头树，

duǒ duǒ huā kāi dàn mò hén
朵朵花开淡墨痕。

bú yào rén kuā hǎo yán sè
不要人夸好颜色，

zhǐ liú qīng qì mǎn qián kūn
只留清气满乾坤。

释词

1 墨梅：用墨笔勾勒出的梅花。

2 乾坤：古人将天称为"乾"，将地称为"坤"，这里指天地。

译文

我家洗砚池旁有一株梅树，枝叶疏朗，风姿绰约。朵朵开放的梅花像是用淡淡的墨迹点上去的，漂亮极了。墨梅不需要别人夸它的颜色有多好看，它只需要将自己清香的气息充塞在天地间就满足了。时运不济的我，也应像墨梅一样啊，不为权贵折腰，保持自身的高洁，这才是我王冕该有的立场呀。

古代人用什么写字？

　　笔墨纸砚是我们常说的文房四宝，也是古人书写的基本工具。

　　其中最早出现的是笔，原始的笔可能就是一根树枝，直接在沙土地上写字。在大约 3000 年前的商代，人们就已经用竹子和兽毛制作成毛笔。这种毛笔沿用了几千年，直到今天，我们写书法时所用的毛笔，还基本保持了当时的样子。

　　毛笔刚发明的时候使用的是天然的颜料。后来人们开始人工制墨，西周时就有用石炭，也就是煤，做成的"石墨"；到秦汉时期，人们已经能用松木之类的东西来做墨了。中国古代长期使用的墨都是烟墨，也就是把松木或者动植物油点燃，收集黑烟做成墨块。用的时候，把墨块在一块专门的石头上磨成细粉，加水调成墨汁，就可以用毛笔蘸着墨汁来写字或绘画了。这块用来磨墨的石头就是砚台。

　　在文房四宝中纸出现得最晚，在这之前人们是书写在竹片、木片或是绢帛上，到东汉时蔡伦改进了造纸术，制造出了价格低廉，又适于书写、绘画的纸，为文化的传播提供了很大的便利。

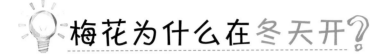

梅花为什么在冬天开?

　　说起梅花,其实大家经常搞混。在冬天开放的是蜡梅,也叫腊梅、冬梅或寒梅。它是蜡梅科蜡梅属的植物,因为蜡梅花多是黄色,颜色像蜡故而得名。蜡梅有个很有意思的特点,它先开花后长叶,花叶不相见,所以蜡梅花通常开在空空的枝头上,被叫作干枝梅。

蜡梅

　　而我们通常说的梅花，则是蔷薇科杏属的植物，它是中国原产的植物，梅花的开花季节多在早春，一般和兰、竹、菊并称花中四君子。早在商周时期，梅子就已经被作为水果或是调味品。梅花的种类很多，颜色也各异，常见的有红、粉、黄等颜色。本诗中的墨梅，也是其中的一种。

　　梅花相对耐寒，所以在冬春开放，但实际上它还是一种喜欢温暖的植物。当气温低于零下十五度时，梅花也会被冻死。要说真正耐寒的植物，还要算高原上的红景天，在零下三四十度还能开花。

明 于谦

shí huī yín
石灰吟

qiān chuí wàn záo chū shēn shān
千锤万凿出深山，

liè huǒ fén shāo ruò děng xián
烈火焚烧若等闲。

fěn gǔ suì shēn hún bú pà
粉骨碎身浑不怕，

yào liú qīng bái zài rén jiān
要留清白在人间。

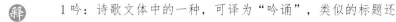

1 吟：诗歌文体中的一种，可译为"吟诵"，类似的标题还有《游子吟》《葬花吟》。

2 若：好像。

3 等闲：平常，轻松。

译文

诗人来到石灰面前，炯炯有神地看着那刚强如己的石灰从深山中开采出来。熊熊大火露出了肆无忌惮的爪牙，猖狂地燃烧着，好像在恐吓石灰："怕了吧？怕了就缩回你的山洞里去！"石灰面不改色，镇定自若，大笑一声："你这点火苗算什么！让烈火烧得再猛烈些吧。只要把我那一身清白留在人间，即使粉身碎骨又有何妨？"诗人于谦是一位有着磊落的胸襟和高尚人格的民族英雄，但因诸多政治原因，最终惨遭杀害。这首诗是他借助石灰来传达自己具有高尚节操，即使粉身碎骨也不屈服的英雄气概，是一首典型的托物言志诗。

什么是石灰？

石灰，顾名思义就是石头烧成的灰。当然不是普通的石头，而是石灰石、白云石、白垩等这些特殊石头。它们的主要成分是一种叫碳酸钙的物质，这种物质其实很常见，贝壳那坚硬的外壳主要成分就是碳酸钙，用了很久的烧水壶里的水垢主要成分也是碳酸钙。

$$CaCO_3 \xlongequal{\text{高温}} CaO + CO_2 \uparrow$$

碳酸钙这种物质在温度很高的时候会分解成二氧化碳和一种叫氧化钙的白色粉末。古代人把含有大量碳酸钙的石头放进窑里，用煤和炭做燃料烧到上千度（900 ~ 1100 度），这些石头里的碳酸钙就分解成了二氧化碳气体和氧化钙粉末，这些氧化钙粉末就是石灰。因为贝壳（也就是牡蛎）的主要成分也是碳酸钙，古人有时也会把贝壳烧成灰，叫作蛎灰，它的成分和石灰差不多，主要也是氧化钙。

氧化钙的颜色非常白，所以会借它的颜色来比喻自己高尚纯洁的品格。

石灰有什么用？

　　因为氧化钙很白，人们非常喜欢。所以早在春秋战国时，中国的古人就已经开始用石灰来刷墙抹地，甚至装饰器物了。除了装饰功能以外，氧化钙这种东西有很强的吸水性，可以把周围空气里的水蒸气都"抓起来"，所以石灰还能够吸湿防潮。同时氧化钙遇到水时，又会变身成一种碱性非常强的物质——氢氧化钙，能够杀死很多细菌、微生物，也能让各种害虫都躲得远远的，所以石灰还能驱虫、杀菌和消毒。 $CaO + H_2O \longrightarrow Ca(OH)_2$

古代烧制石灰的时候，那些石头里除了碳酸钙之外，还夹杂着黏土之类的杂质，这些东西和碳酸钙一起被烧过之后，会形成一些像今天的水泥一样的东西，可以拿来把砖头粘在一起，或是和泥土、沙子一起配成"三合土"，作为那个时代的"混凝土"来用。

清 郑燮

竹石 zhú shí

咬定青山不放松，
yǎo dìng qīng shān bú fàng sōng

立根原在破岩中。
lì gēn yuán zài pò yán zhōng

千磨万击还坚劲，
qiān mó wàn jī hái jiān jìng

任尔东西南北风。
rèn ěr dōng xī nán běi fēng

1 竹石：扎根在石头缝隙中的竹子。

2 咬定：比喻竹子的根扎得比较深，像咬住青山不松口一样。

3 还：仍然，依然。

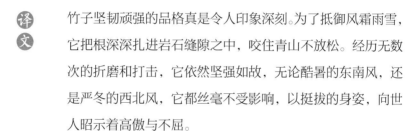

竹子坚韧顽强的品格真是令人印象深刻。为了抵御风霜雨雪，它把根深深扎进岩石缝隙之中，咬住青山不放松。经历无数次的折磨和打击，它依然坚强如故，无论酷暑的东南风，还是严冬的西北风，它都丝毫不受影响，以挺拔的身姿，向世人昭示着高傲与不屈。

为什么有的植物能从石头上长出来？

有许多植物都能够生长在岩石上，据科学家统计，从苔藓类植物、蕨类植物到高级的裸子植物、被子植物，有两三千种。

通常这些植物都是扎根在石头上的缝隙里，利用缝隙里的一点点土壤吸收水和养料。这些生活在艰苦环境中的植物，对地球环境的改善产生了很重要的作用。

这些生长在岩石上的植物，随着它们的根不断生长，会把岩石的裂缝不断撑大、加深，进而使岩石破碎。有些植物和菌类在生长过程中还会分泌出一些酸类物质腐蚀岩石。在植物死去后，它们的身体腐烂形成腐殖质，这些腐殖质也会促进岩石的分解。那些分解的岩石和腐殖质一起就形成了土壤，给其他植物的生存提供了更好的条件。

在没有生物的其他星球上，只有大片的岩石和灰尘，而地球上的岩石，通过和生物的相互作用，形成了适合生物生活的土壤，我们才有了这个生机勃勃的世界。

植物的适应能力有多强？

植物的适应能力有时是让人难以想象的。

有的植物特别耐热。科学家们在新西兰一个活火山附近做植物调查时曾发现，有一种叫作"矮天鹅颈藓"的苔藓类植物在72℃的土壤中还能生存，而72℃已经是能把鸡蛋煮熟的温度了。

而有的植物又特别耐寒。生长在青藏高原和新疆阿尔泰山上的红景天、雪莲花、银莲花，能在零下10℃的环境中生长甚至开花。在西伯利亚，有些松柏植物甚至能抵御零下40℃的低温。

银莲花

红树林

　　有的植物特别耐旱。有一种叫作卷柏的植物，在体内的含水量降到 5%
以下的时候还能存活。有科学家曾经把卷柏做成植物标本，11 年后重新
泡进水里，在温度合适的时候它还能重新生长，以至于得到了"九死还魂
草"的名号。

　　有些植物则不怕盐碱。"海岸卫士"红树林在海水中也能存活。还有
一种叫盐角草的植物，甚至能在含盐量高达 6.5% 的盐水中生活，而一般
的海水含盐量大约只有 3.5%。

　　还有许多能够在其他极端严酷条件下生活的植物，不再一一列举。我
们不由得感叹：大自然真是奇妙！

科学思维训练小课堂

① 你最喜欢什么花？为什么？

② 想一想，人们是如何利用石灰的？

③ 在你见过的所有植物中，生命力最顽强的是哪类植物？

扫描二维码回复"诗词科学"

即可收听本书音频